我命由我不由天

无耳空空学习日记

3

著绘／蔡志忠

中国出版集团　现代出版社

目录 *Contents*

1. 无耳空空

无耳空空是个刚刚
进入佛门的小沙弥……

除了吃饭、
睡觉之外，
便是做些砍柴、挑水、念经、
敲钟的日常工作……

对了！

为什么叫作"无耳空空"？

3

因为真的没有耳，

无左耳、无右耳，

有眼、有鼻、有口，

但就是没有耳朵。

名叫"空空"，

是因为脑袋瓜里面空无一物。

"空空"！

心无杂念，

脑袋空空，

其实也不错。

只是除了明白喝茶、吃饭、

睡觉这样的小问题，

对未来、人生这些大问题

通通不明白……

我是谁？

我从哪里来？

我要去哪里？

禅是什么？

空又是什么？

人是什么？

人生的目的又是什么？

不明白……

人生有很多问题不明白。

于是，

无耳空空便走出空门，

到外面世界，

想将这些问题问个明白……

游山，

玩水，

访高人……

....

你是谁？

你从哪里来？

你要去哪里？

这……这……

这便是我的人生大问题……

学习笔记

学习笔记

学习笔记

学习笔记

2. 发现自己

人生第一个最重要的问题是:

"发现自己"!

如果连你自己都不知道自己是谁,

要谁知道你?

不明白——

我有十个、一千个、

一百万个问题不明白……

例如——

人活着为了什么？

人生有什么目的？

在没弄懂以前，

我吃不下饭、睡不着觉，

心安定不下来……

人生的目的是——

什么也"无"!

只是尽情做自己。

但在这之前,

每个人必须先要明白

"什么是自己"!

鸟要在天空才快乐……

如果我们是鸟，
天空才是我们的天堂。

如果我们是鱼，
深渊才是我们的家园。

鱼要在水里才快乐……

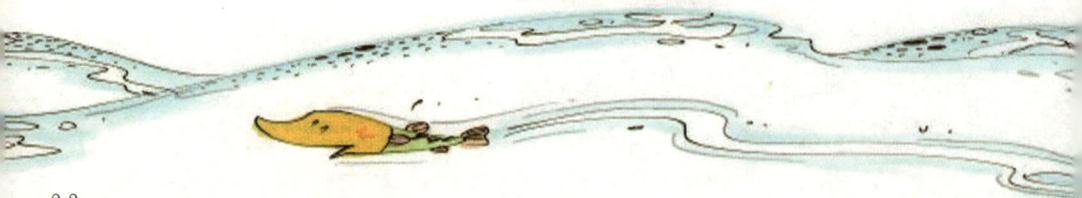

如实地了解自己，

如实地扮演自己，

是人生中最重要的课题。

人像一部马车——

肉体是车身，

欲望是马匹，

意志是缰绳，

思想是马夫，

自我是乘坐在车上的主人。

用自我控制你的思想，

用思想控制你的意志，

用意志控制你的欲望，

让驯服的欲望带你实现

自己人生的目标。

学习笔记

学习笔记

学习笔记

学习笔记

3.学习的要领

性相近，

习相远。

人因为学习而超凡入圣。

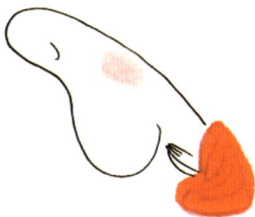

学习可以让我们蜕变

成不同的物种。

请问学习的

目的是什么？

蜘蛛的小孩一生下来

便会吐丝结网，

但一亿年后，

蜘蛛还是蜘蛛。

人通过在不同领域的学习，

农夫的小孩便可能成为电脑博士、

太空人或爱因斯坦、牛顿。

真理总是最简单的，

朴实的，明白如昼的。

教育的问题也是如此……

学习如同去接受

前人所赠送的厚礼。

我们在学校所学的那些奇妙的东西，

是多少代人的知识积累，

是多少前人留下的珍贵礼物。

教育当使学生发展出

独立思考的能力，

对价值有所理解并产生热情，

而不只是教授学问。

教育是提供宝贵的
礼物让学生领受，

而不是作为一种
任务逼他去达成。

只注重专业教育会使学生成为一种
有用的"机器"，
但是不能成为一个和谐发展的人。

的确如此。

应把发展独立思考和独立判断的

能力置于首位，

而不应当把获得专业知识

置于首位。

无耳空空，

你以为努力用功

才学得学问的吗？　　　　　　难道不是？

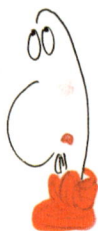

是建立系统，融会贯通

才让我们获得学问的。

例如想通了串联记忆法，

便学会如何简单记单词。

学习就是为了要用，

不用就不需学习，

因为学了也没有用。

学习、应用同时进行，才学得会。

学习要边学边用，边用边学。

学语言如此，学数学更是如此！

是的。

学习笔记

学习笔记

学习笔记

4. 努力要有办法

努力要有切入的角度，

没有方法的努力，

长期看不到成效，

会伤害意志。

父母、老师都叫我们要努力,

努力就会有成就!

是呀! 这句话听了

无数遍了。

努力不等于有效率！

努力只是相对于
不努力而已。

真正的重点
在于有方法。

没有要领的努力，
成效非常有限。

常听老师说：

"师父领进门，成就看个人。"

各位要各自努力呀！

师父没领我们进门，

光是要我们努力，

是不负责任的。

是这样吗？

例如考试一定会考的：

列举多组整数勾股定理？

$$A^2 + B^2 = C^2$$

如果师父真的领我们进门，
只要理解它，根本不需要背
就可以写出无限多个答案。

你能证明看看？

列舉 $A^2 + B^2 = C^2$

ABC 皆为整数的所有组合……

$$3^2 + 4^2 = 5^2$$

$$A^2+B^2=C^2$$

$$3^2+4^2=5^2$$

$$4^2+3^2=5^2$$

$$5^2+12^2=13^2$$

$$6^2+8^2=10^2$$

由3到无穷的所有
整数勾股定理。

$$7^2+24^2=25^2$$

$$8^2+15^2=17^2$$

$$9^2+40^2=41^2$$

$$10^2+24^2=26^2$$

无限多组 **ABC** 全为
整数的勾股定理。

$$11^2+60^2=61^2$$

$$12^2+35^2=37^2$$

$$13^2+84^2=85^2$$

$$14^2+48^2=50^2$$

$$15^2+112^2=113^2$$

$$16^2+63^2=65^2$$

哇!

真的呀。

A 是奇数时……

$$A^2 = B + C$$

当 A 是奇数时，
必然 $A^2 = B + C$

$3^2 = 4 + 5$

$5^2 = 12 + 13$

$7^2 = 24 + 25$

$9^2 = 40 + 41$

妙哉！
但 A 是偶数时
又如何？

$$4^2+3^2=5^2$$

$$6^2+8^2=10^2$$

$$8^2+15^2=17^2$$

$$10^2+24^2=26^2$$

A 是偶数时……

$$\frac{1}{2}A^2 = B + C$$

A 是偶数时，

必然 $\dfrac{A^2}{2} = B+C$

$$\frac{16}{2}=3+5$$

$$\frac{36}{2}=8+10$$

$$\frac{64}{2}=15+17$$

哈！

的确是如此。

50

$$3^2+4^2=5^2 \qquad 13^2+84^2=85^2$$

$$4^2+3^2=5^2 \qquad 14^2+48^2=50^2$$

$$5^2+12^2=13^2 \qquad 15^2+112^2=113^2$$

$$6^2+8^2=10^2 \qquad 16^2+63^2=65^2$$

$$7^2+24^2=25^2 \qquad 17^2+144^2=145^2$$

$$8^2+15^2=17^2 \qquad 18^2+80^2=82^2$$

$$8^2+40^2=41^2 \qquad 19^2+180^2=181^2$$

$$10^2+24^2=26^2 \qquad 20^2+99^2+101^2$$

$$11^2+60^2=61^2 \qquad 21^2+220^2=221^2$$

$$12^2+35^2=37^2 \qquad 22^2+120^2=122^2$$

$$\frac{A^2\pm 1}{2}=B,C\ (\text{奇})$$

$$\left(\frac{A}{2}\right)^2\pm 1=B,C\ (\text{偶})$$

$$10000000000^2 = 100000000000000000000$$

10个0 （under first number）   20个0 （under result）

$$\frac{A^2}{2} = 50000000000000000000 =$$

19个0

$$B = \frac{A^2}{4} - 1 = 24999999999999999999$$

18个9

$$C = \frac{A^2}{4} + 1 = 25000000000000000001$$

17个0

$$10000000000^2 + 24999999999999999999^2 = 25000000000000000001$$

$$A = 10000000000$$

$$B = 24999999999999999999$$

$$C = 25000000000000000001$$

会了这个方法，我们便可以很容易地

用心算算出 A=100 亿时 BC 是多少。

哇！

厉害。

$4^2+3^2=5^2$

$5^2+12^2=13^2$

$6^2+8^2=10^2$

$7^2+24^2=25^2$

$8^2+15^2=17^2$

$9^2+40^2=41^2$

$10^2+24^2=26^2$

$11^2+60^2=61^2$

$12^2+35^2=37^2$

$13^2+84^2=85^2$

$14^2+48^2=50^2$

$15^2+112^2=113^2$

$16^2+63^2=65^2$

$17^2+144^2=145^2$

$18^2+80^2=82^2$

$19^2+180^2=181^2$

$20^2+99^2=101^2$

$21^2+220^2=221^2$

这个方法可以求出的
整数勾股定理的组合，
和自然数的数目一样多。

$B=M^2-N^2$

$C=M^2+N^2$

$A=2MN$

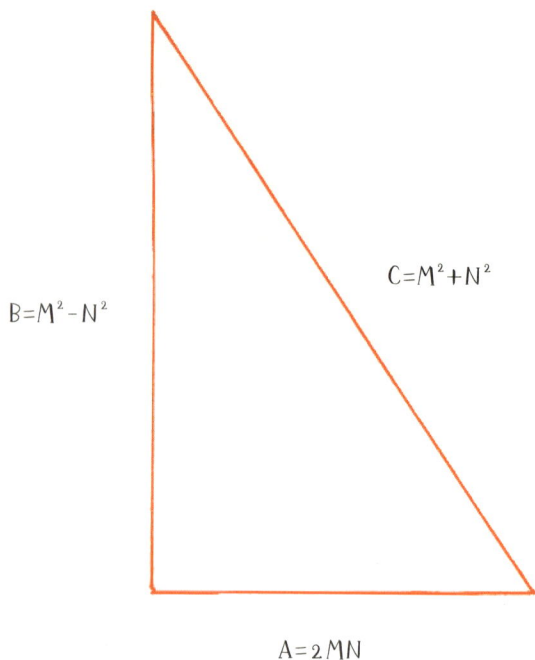

如果我们再深入思考，ABC 全为
整数的勾股定理还会有什么型？
我们还可以求出更多、更多、
多到数目等于：

"自然数的总数量的平方！"

	N=2		N=3
3	$12^2+5^2=13^2$	4	$24^2+7^2=25^2$
4	$16^2+12^2=20^2$	5	$30^2+16^2=34^2$
5	$20^2+21^2=29^2$	6	$36^2+27^2=45^2$
6	$24^2+32^2=40^2$	7	$42^2+40^2=58^2$
7	$28^2+45^2=53^2$	8	$48^2+52^2=73^2$
8	$32^2+60^2=68^2$	9	$54^2+12^2=90^2$
9	$36^2+77^2=85^2$	10	$60^2+91^2=109^2$
10	$40^2+96^2=104^2$	11	$66^2+112^2=130v$
11	$44^2+117^2=125^2$	12	$72^2+135^2=153^2$
12	$48^2+140^2=145^2$	13	$78^2+160^2=178^2$
13	$52^2+165^2=113^2$	14	$84^2+187^2=205^2$
14	$56^2+192^2=200^2$	15	$90^2+216^2=234^2$
15	$60^2+221^2=229^2$	16	$96^2+247^2=265^2$
16	$64^2+252^2=260^2$	17	$102^2+280^2=298^2$
17	$68^2+285^2=293^2$	18	$108^2+315^2=333^2$
18	$72^2+320^2=328$	19	$114^2+352^2=370^2$
19	$76^2+351^2=365^2$	20	$120^2+391^2=409^2$
20	$80^2+396^2=404^2$	21	$126^2+432^2=450^2$
21	$84^2+437^2=445^2$	22	$132^2+475^2=493^2$
22	$88^2+480^2=488^2$	23	$138^2+520^2=538^2$
23	$92^2+525^2=533^2$	24	$144^2+567^2=585^2$

这是 $A=2MN$
而 $N=2$ 或 3，
红字是 M 的整数
勾股定理。

哇！

N = 4

5 $40^2+9^2=41^2$
6 $48^2+20^2=52^2$
7 $56^2+33^2=65^2$
8 $64^2+48^2=80^2$
9 $72^2+65^2=97^2$
10 $80^2+84^2=116^2$
11 $88^2+105^2=137^2$
12 $96^2+128^2=185^2$
13 $104^2+153^2=185^2$
14 $112^2+180^2=212^2$
15 $120^2+209^2=241^2$
16 $128^2+240^2=272^2$
17 $136^2+213^2=305^2$
18 $144^2+308^2=340^2$
19 $152^2+345^2=377^2$
20 $160^2+384^2=416^2$
21 $168^2+425^2=457^2$
22 $176^2+468^2=500^2$
23 $184^2+513^2=545^2$
24 $192^2+560^2=592^2$
25 $220^2+609^2=641^2$

N = 5

5 $50^2+0^2=50^2$
6 $60^2+11^2=61^2$
7 $70^2+24^2=74^2$
8 $80^2+39^2=89^2$
9 $90^2+56^2=106^2$
10 $100^2+75^2=125^2$
11 $110^2+96^2=146^2$
12 $120^2+119^2=169^2$
13 $130^2+144^2=194^2$
14 $140^2+111^2=221^2$
15 $150^2+200^2=215^2$
16 $160^2+231^2=281^2$
17 $170^2+264^2=314^2$
18 $180^2+299^2=349^2$
19 $190^2+336^2=386^2$
20 $200^2+375^2=425^2$
21 $210^2+416^2=466^2$
22 $220^2+459^2=509^2$
23 $230^2+504^2=544^2$
24 $240^2+551^2=601^2$
25 $250^2+600^2=650^2$

这是 A=2MN
而 N=4 或 5，
红字是 M 的整数
勾股定理。

56

$$N = 6 \qquad\qquad N = 7$$

6	$72^2+0^2=72^2$	7	$98^2+0^2=98^2$
7	$84^2+13^2=85^2$	8	$112^2+15^2=113^2$
8	$96^2+28^2=100^2$	9	$126^2+32^2=130^2$
9	$108^2+45^2=117^2$	10	$140^2+51^2=149^2$
10	$120^2+64^2=136^2$	11	$154^2+72^2=170^2$
11	$132^2+85^2=157^2$	12	$168^2+95^2=193^2$
12	$144^2+108^2=180^2$	13	$182^2+120^2=218^2$
13	$156^2+133^2=205^2$	14	$196^2+147^2=245^2$
14	$168^2+160^2=232^2$	15	$210^2+176^2=274^2$
15	$180^2+189^2=261^2$	16	$224^2+207^2=305^2$
16	$192^2+220^2=282^2$	17	$238^2=240^2=338^2$
17	$204^2253^2=325^2$	18	$252^2+275^2=373^2$
18	$216^2+288^2=360^2$	19	$266^2+312^2=410^2$
19	$228^2+325^2=397^2$	20	$280^2+351^2=449^2$
20	$240^2+364^2=436^2$	21	$294^2+392^2=490^2$
21	$252^2+405^2=477^2$	22	$308^2+435^2=533^2$
22	$264^2+448^2=520^2$	23	$322^2+480^2=578^2$
23	$276^2+493^2=565^2$	24	$366^2+527^2=625^2$
24	$288^2+540^2=612^2$	25	$350^2+576^2=674^2$
25	$300^2+589^2=661^2$		

这是 A=2MN
而 N=6 或 7,
红字是 M 的整数
勾股定理。

N = 8	N = 9

$$8 \quad 128^2+0^2=128^2 \qquad\qquad 9 \quad 162^2+0^2=162^2$$

$$9 \quad 144^2+11^2=145^2 \qquad\qquad 10 \quad 180^2+19^2=181^2$$

$$10 \quad 160^2+36^2=164^2 \qquad\qquad 11 \quad 198^2+40^2=202^2$$

$$11 \quad 176^2+57^2=185^2 \qquad\qquad 12 \quad 216^2+63^2=225^2$$

$$12 \quad 192^2+80^2=208^2 \qquad\qquad 13 \quad 234^2+88^2=250^2$$

$$13 \quad 208^2+105^2=233^2 \qquad\qquad 14 \quad 252^2+115^2=277^2$$

$$14 \quad 224^2+132^2=260^2 \qquad\qquad 15 \quad 270^2+144^2=306^2$$

$$15 \quad 240^2+161^2=289^2 \qquad\qquad 16 \quad 288^2+175^2=337^2$$

$$16 \quad 256^2+192^2=320^2 \qquad\qquad 17 \quad 306^2+208^2=370^2$$

$$17 \quad 272^2+225^2=353^2 \qquad\qquad 18 \quad 324^2+243^2=405^2$$

$$18 \quad 288^2+260^2=388^2 \qquad\qquad 19 \quad 342^2+280^2=442^2$$

$$19 \quad 304^2+297^2=425^2 \qquad\qquad 20 \quad 360^2+319^2=481^2$$

$$20 \quad 320^2+336^2=464^2 \qquad\qquad 21 \quad 378^2+360^2=522^2$$

$$21 \quad 336^2+377^2=505^2 \qquad\qquad 22 \quad 396^2+403^2=565^2$$

$$22 \quad 352^2+420^2=548^2 \qquad\qquad 23 \quad 414^2+448^2=610^2$$

$$23 \quad 368^2+465^2=593^2 \qquad\qquad 24 \quad 432^2+495^2=657^2$$

$$24 \quad 384^2+512^2=640^2 \qquad\qquad 25 \quad 450^2+544^2=706^2$$

$$25 \quad 400^2+561^2=689^2$$

这是 $A=2MN$

而 $N=8$ 或 9,

红字是 M 的整数

勾股定理。

$$\begin{array}{ccc} A & C & B \end{array}$$

$$400^2 = 1282^2 - 1218^2$$
$$= 10004^2 - 9996^2$$
$$= 689^2 - 561^2$$
$$= 2516^2 - 2484^2$$
$$= 1625^2 - 1575^2$$
$$= 500^2 - 300^2$$
$$= 410^2 - 90^2$$
$$= 40001^2 - 39999^2$$

$$\begin{array}{ccc} A & C & B \end{array}$$

$$50^2 = 89^2 - 39^2$$
$$= 116^2 - 84^2$$
$$= 208^2 - 192^2$$
$$= 404^2 - 396^2$$
$$= 802^2 - 798^2$$
$$= 1601^2 - 1599^2$$

由这方法还可以求出：

A=80 时，

有 6 组不同的 B 和 C。

如果 A=400 时，

有多少组 BC ？

举出这个例子为了证明：

努力不等于效率！

先找方法才会有效率，

努力只能跟不努力相比而已。

是的！

语文、英文、数学、物理、历史、地理，

哪一门功课最重要？

人生最重要的一门功课就是
"了解自己"！

如果我们知道自己是鱼是鸟，
便会知道该学游还是学飞。

为什么想象力
比知识更重要？

知识是由先贤们

积累出来的成就。

无论我们获得多少知识，

也只是吸收别人的积累；

想象力才能创新知识，

加高知识巨人肩膀的高度。

数学好、物理好的

定义是什么？

功课再好也只能视为学习能力不错，

学得比别人多。

开创前人未能达到的领域，

拓荒有成，才够格称之为

“数学好、物理好”。

学习笔记

学习笔记

学习笔记

学习笔记

5. 自我教育的目的

学习没有成效，

问题出在哪里？

严格来说：

只有不好的教育制度、

不好的教科书、

不好的老师，

没有不好的学生。

两千五百年前，

《礼记》的"学记篇"里

讲得清清楚楚。

请问，好的老师应该

如何教学？

如果一个教师确实已经知道：

"学习有没有成效，

　全在于教授的方法是否得宜。"

他才可以为人师表，教导学生。

老师正确开导学生的方法为：

"单纯授之以道，而不私加导引。

全力以赴教学，而不抑制学生发问。

启发学生，但不直接告诉学生答案。"

不私加以导引，

则融洽。

不抑制学生发问，

则师生之间和乐。

不直接示之以答案，

则能够引发学生思考。

融洽、和乐、

引发学生思考，

这便是最高境界的

教学方式了。

是呀！

这样才能算是个

好老师呀。

生有涯而学无止境，

学习与创新应如何拿捏？

创新来自不同的思考方式与从不同角度和视野看事物，

打从学习一开始便要养成创新的习惯，

使它成为自己的天性！

学习笔记

学习笔记

学习笔记

学习笔记

6. 记忆的方法

记忆是学习的要素!

记忆很累人又烦琐。

其实记忆不是靠死背,

而是用理解串联记住的。

记忆不是记进去，

而是要记住

将来取出来的线头……

例如：

要记忆的东西像是一把钥匙，

而大脑是个抽屉。

如果抽屉是空的，把钥匙放进抽屉里，

要用时一定找得到、取得出来。

但如果抽屉里已经放满

一千把钥匙，

我们就不敢轻易把钥匙放进去了，

因为要用时无法认出

到底是哪一把才对。

因此，我们会将相关的钥匙

用特殊的钥匙环扣成一大串，

然后才放心地放进抽屉里。

要使用时，

只要记住钥匙环，

就能轻易地从抽屉中取出来。

而钥匙串越是大把越好记，单独一
把反而越难认出来。

记忆也是如此，记忆单独一个时，很难记得
住。穿成一大串时，反而容易记得牢。

记忆不是记进去，

而是要记住将来取出来的线头……

将一大串相关的串联在一起，

找一个环穿成一串一起记。

这个环就是要用时，

用于取出的线头。

A.
B
C
D
G
T
Z

ONE

例如：

大家都会 A、B、C、D……

大家也都会 ONE 这个单词吧！

把它们组合成串，

便可以一次记牢九个英文单词。

ONE

就是钥匙环。

84

```
A.
B
C
D
G
T
Z
        ONE
```

AONE   头等

BONE   骨头

CONE   圆锥体

DONE   完成了

GONE   消失了

HONE   磨刀石

PHONE   电话

TONE   音

ZONE   区域

A、B、C、D……

就是环上的钥匙。

云雀

黑暗

公园

星星之火

树皮

鲨鱼

商标、马克

L
D P
SP B
     H
SH M

ARK

英文单词

一次背一组

比只背一个简单牢靠。

例如

把以下单词组成一排……

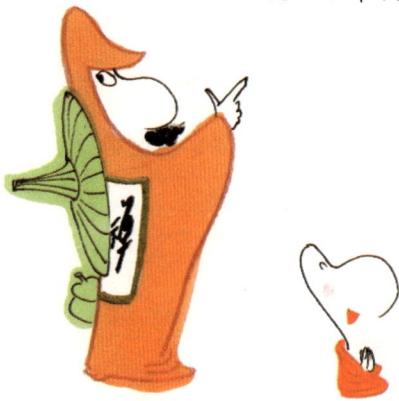

一只云雀到一个黑暗的公园，
借着星星之火在硬树皮上
雕刻了一个鲨鱼的商标。

通过方舟 ARK
便可以同时记住
云雀、黑暗、公园、
星星之火、僵硬的、树皮、
鲨鱼、商标九个词。

ARK	方舟	LARK	云雀
BARK	树皮	DARK	黑暗
SHARK	鲨鱼	PARK	公园
MARK	商标	SPARK	星星之火
		STARK	僵硬的

方舟 ARK
就是钥匙环。

MARX　马克思

MARE　母马

MARS　火星

MARK　马克

MARL　灰泥

MARY　圣母马利亚

MART　商业中心

又可以由马克 MARK

串联记着马克思、母马、

火星、灰泥、圣母马利亚、商业中心。

MAR

就是钥匙环。

然后编个故事串联它们：

"马克思骑母马，
到火星商业中心
用马克买灰泥做成的
圣母马利亚雕像。"

MARX　马克思

MARE　母马

MARS　火星

MARK　马克

MARL　灰泥

MARY　圣母马利亚

MART　商业中心

太长的英文单词，

可将它分段后再分开记，便很容易。

CAPETOWN 开普敦是由两个英文单词组合而成的：

CAPE AND TOWN 海角和市镇

CARPENTER 木匠里面含三个单词:

CAR+PEN+TER= 车 + 笔 + 的人

又例如披头士乐队的成名曲

GETTOGETHER^①团聚,可将之分为四段:

GET TO GET HER 把她追到手

① 此处有误,应为 *Come Together*。

OPEN

OPEN 打开

可以把它想象为 ○ 的 PEN

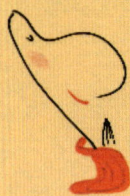

学习笔记

学习笔记

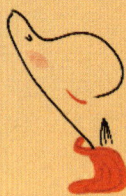

学习笔记

7. 记忆的秘招

每一个单词都有自己的脸孔。

如同我们记住一个人要记他的特征一样。

一个英文单词可能同时隐藏

很多别的单词，

一次记牢整组更容易记。

TRAIN	火车
RAIN	雨
AIN	自己的
IN	在……里面

然后编首歌串联它们：

"在火车里，下自己的雨。"

FATHER	爸爸
AND	和
MOTHER	妈妈
I	我
LOVE	爱
YOU	你

这 6 个单词的第一个字母

组合起来就是:

FAMILY 家庭

COME	来
HERE	这里
I	我
NEED	需要
ALL	一切

"来这里，我需要一切"的

词头就变成：

CHINA 中国

BAND	细绳
BEND	弯曲
BIND	捆绑
BOND	结合力
BUND	堤岸

每个单词都内含 a、e、i、o、u

中的一两个元音，

因此可以将其他部分相同又只有元音

不同的字一起背下……

孔子说：

"性相近，习相远。"

人因为学习，

而改变了自己。

我知道学习的好处。

但除了功课之外，

还有什么需要学的？

越是聪明的人越认为自己要学的东西很多，

愚昧的人总是认为自己没什么好学的。

学习除了能获得知识之外，

也能得到智慧吗？

智慧并不产生于学历，

而是来自对知识终生不懈的追求。

学习笔记

学习笔记

学习笔记

学习笔记

8. 发现自己 （2）

如果我们不自己发现自己，

还要期待谁来发现我们？

我要成为毕加索第二，
或成为爱因斯坦第二，
或成为比尔·盖茨第二
也不错。

你就是你自己！

人一生下来就已经是自己了，
而不是别人。

如果每个人都想要当别人，

那么谁来当你自己？

是呀！

如果我不当我，

让谁来当我？

平凡的人，

如何挖掘自己的长处？

天下没有两个完全一样的人，

每个人天生与众不同。

"天生我材必有用。"

每个人都有过人之处，
只是他自己不知道。

嗯，我的才能是什么？
这个问题得好好想一想。

我们成为什么，
是因为心中所想。　　　　我想成为什么呢？

首先要知道自己
最喜欢什么，　　　　　　我可以成为什么
最擅长什么。　　　　　　我怎么会知道？

拿一张 A4 纸，

在左边写上自己最拿手和最喜欢的事物。

在右边写上自己最不擅长和最讨厌的事物。

努力观察思考，然后你便会渐渐

明白自己应该朝向哪边走。

人唯有从事自己最拿手，

又最喜欢的事，

才能获得最大的成功。

及早找到自己所追求的目标，

然后全力以赴地投入，

集中焦点，达到目标。

加紧学习，

抓住中心，

宁精毋杂，

宁专毋多。

梦想，

实践梦想令我们年轻；

停止梦想，　　　　　　　　　社会上大家都注重学历，

就是老年的开始。　　　　　　学历不是很重要吗？

重要的是实力，不是学历！

如果你是比尔·盖茨、泰格·伍兹，

就不会有人间你学历；

如果你是世界乒乓球冠军，

就没人在乎你英文行不行。

学习笔记

学习笔记

学习笔记

学习笔记

9. 观念

曾听别人说过的叫作"知"，
自己亲眼看到的叫作"识"。

将知识化为自己的正确观念，
才是学习过程中最重要的事！

多听、多看、多读书

就可以累积知识吗？

一切知识

均起源于观念。

知识不是资料的记忆，

而是观念的形成。

学习的关键是什么？

学习始于强烈的动机。

学习的动机大多是由于
好奇和需要。

对任何平凡之事都感兴趣、
充满好奇,
就能从平凡中看出
不平凡之处。

是否人人都要遵循

学习、工作、享受的先后顺序？

如果学习、工作是苦差事，

享受才是乐事，

人生便是乐少苦多。

我们应——

享受于学习，

享受于工作，

享受于享受。

深邃比广博重要！

学习不是要学得多，

而是要学得精。

庄子说：

"生有涯，而学问无涯。"

生命短暂

而知识无穷,

如何以有限的生命

去学习无限的知识?

如果我们的一生只需要使出

一把最棒的刷子，

为何要同时学无数把？

的确如此。

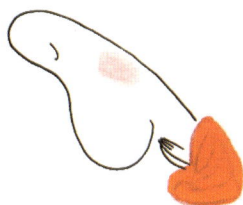

及早找到真实的自己，
才能精确选定人生的目标，
也才会知道自己要学习
哪一把刷子。

什么是我人生中的
那把刷子呀？

学习笔记

学习笔记

学习笔记

学习笔记

10. 智慧

无论我们学了多久，

也只是学的别人的知识。

如何将知识转化成自己的智慧？

智慧是什么？

什么不是智慧？

万物皆有可观……

智慧无处不在……

即有可观，

必有可乐，

其中也必含有智慧。

能运用过去所学解决所有面临的问题，

可算是聪明的了……

能在需要时，

在最短刹那生发出创新的最恰当的方法，

可以称为智慧了。

如何分辨聪明与智慧的

等级和差异？

能创新方法，解决过去、

现在别人所不能处理的新问题，

才是真智慧。

人不认识自己……

人不自知能力有限

和自己的可能性，

甚至

不知道他不认识自己的程度。

如果我们不知道自己是在睡觉，

就不可能从睡梦中醒过来。

人在获得新的能力之前，

自己必须先拥有一个条件。

那就是——

认清目前拥有的能力。

一个人内心有三个自己：

自以为的自己，

别人眼中的自己，

真实的自己。

人通过自我思考找到

真正的自己是人生第一个智慧！

认识自己是人生第一个智慧，
第二个智慧是"谦卑"。

站在智慧之前，我永远是个空杯子，
自满便装不下任何智慧，空才能容下新智慧。

学习笔记

学习笔记

学习笔记

学习笔记

11. 思考的方法

是思考使我们与众不同！

每个人有自己的思考模式，

不同的思考产生不同的行为

与不同的结果。

我知道思考很重要，

思考有没有什么特殊秘诀？

姿势影响思考。

每个人有最好的思考时段，

也有最好的思考姿势。

躺着想最不好。

躺着不如趴着。

趴着不如坐着。

而通常躺着最不容易思考。

躺着不如趴着，趴着不如坐着。

站着不如走来走去。

坐着不如站着。

坐着不如站着,

站着不如走来走去。

首先关上门，

闭关、

禁语。

要很长时间不能讲话，

不能看与思考不相关的文字，

不吃东西，断食。

如何复杂深入地思考？

在大脑里架构无限多条
思维公路和资料仓库。

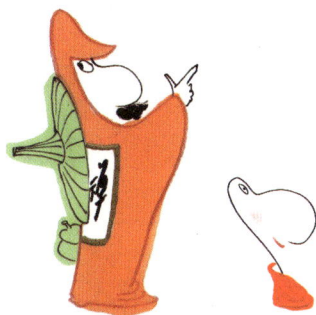

一个人要在什么时候

开始训练自我思考？

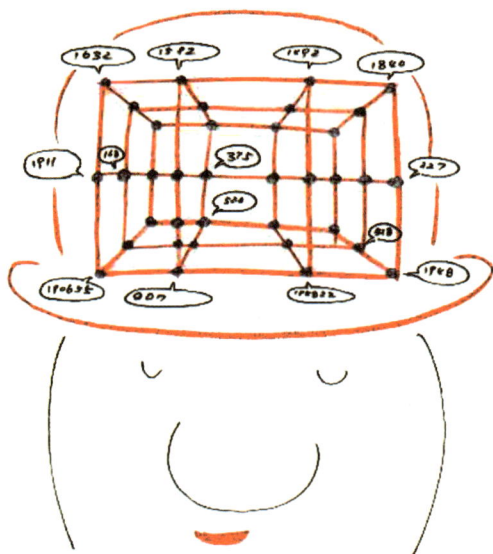

思考的秘诀是

及早建立自己的各种思考路径。

能由一个问题，

找出无限多条思路的线头。

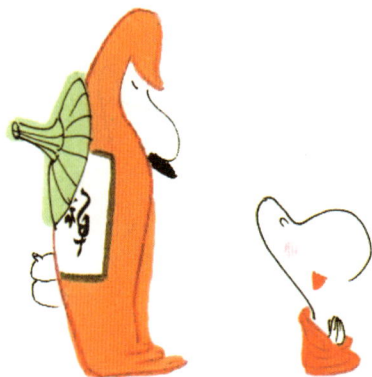

以最大的视野看问题！

不让其他杂念进来，
只思考一个主题。

思考必须限制于
单一的明确目标。

利用整个大脑，

而不是只利用一小部分思考。

同一件事物，

可以从不同方面来考虑。

由外往里想，

由内往外想，

由过去往未来想，

由单一焦点往全面想。

思考使人专心，

专心是一种不寻常的能力。

想象是不专心的活动表现的一种……

当我们一对它专心，

想象就停止下来。

专心的作用有如光明，

而想象就像一种只能在

黑暗中进行的活动。

不要使自己的大脑

成为别人观念的储物间。

当自己还是个空杯时，

就要开始自我思考，

等到心智成熟、学成一切时，

就难有自我思考的空间，

因为大脑早已塞满

别人的观念。

以最大的视野看问题，例如

思考宇宙、物理时……

先想："如果有上帝，

上帝的物理手册会怎么写？

上帝的数学公式会以什么

方式呈现才适用于全宇宙？"

问题不在于思考，

而在于思考之后去做！

学习笔记

学习笔记

学习笔记

学习笔记

12.想象力

爱因斯坦说:想象比知识重要!

哈佛大学的校训是"独立思考"。

人与众不同,来自不同的思考;

而思考来自无限想象力的扩张。

想象力如喷泉源源不断冒出的能力,

是需要通过不断的自我训练才可以达成。

想象力像网一样，

你有多大的网，

便能网住多大面积的鱼。

如果你只有一根钓竿，

你只能被动地期待

IDEA 自动上钩被你钓上来。

如何思考问题？

首先要有好的问题！

问题比答案重要。

问自己问题！

想不出来时……

要改变问句！

思考一个问题

首先要紧盯问题的关键，

先去剖析问题，

而不是急着去找答案。

重点不在于答案，重点在于问题。

没有问题便不会有答案!

思考陷入困境的人，

通常并不是他们看不出答案，

而是他们看不出问题。

179

当我们已经充分了解问题所在，

应如何进行思考的步骤？

把大问题切割成几个较小而简单的问题，

但仍保有原先大问题的本质精髓，

然后一项一项解决。

像吃大饼一样，

一口一口吃完它。

脑指挥手，

犹如上司指挥下属。

动脑思考是乐事，

动手则是苦力的工作。

思考是人生中最棒的享受，

没养成思考习惯的人，

便失去人生中重要的乐趣。

有没有天才思考的

"葵花宝典"?

爱因斯坦思考问题时

有三个法则:

1. 从混乱中, 找出简单规律。

2. 从不调和中, 找出调和的韵律。

3. 从困难中, 找出机会。

学习笔记

学习笔记

学习笔记

学习笔记

13. 人生学习

孔子说:"性相近,习相远。"

学习使我们出类拔萃、

与众不同!

在过去是如此,

在现在更是绝对如此。

我们学习认识字、学中文、
英文、数学、物理、化学，
但最重要的人生问题反而没
有人教、也没有人学……

如何悟通生命的实相，
将一生过得华丽丰富？

当你能从一粒盐尝到海洋，

从一缕花香闻到春天，

从一张白纸看到自己的人生之诗时……

你便完全悟通了人生。

每个人都有梦想……

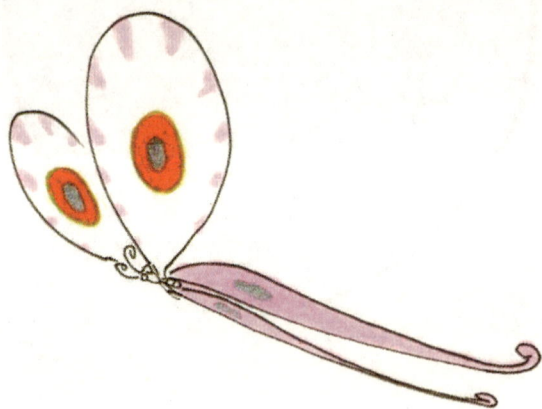

人没有梦想，
就像蝴蝶没有翅膀。

每个人都有好多好多个梦想，
问题是如何才能美梦成真。

完成梦想唯一的方法，
是从梦中醒来！
然后逐一将梦想实践。

一个人对成功的定义，

决定了其成就的大小。

成就的大小

要看在高峰期维持多久！

小成就

一上高峰期就往下掉。

大成就

高峰期维持得很长久。

刚开始的小赢不算赢……

取得最后胜利的人，

才笑得最久。

每个人都有不同的命运是吗？

人的命运不是写在星星上，

也不是写在脸上，

也不是割在掌纹上……

而是分别写在每一个人的心上。

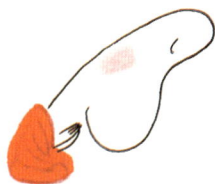

个性即是每个人的命运。

什么样的个性会遭遇到什么样的
命运是注定的，
除非我们改变个性，
否则很难改变命运。

什么是文化？

文化是不同领域、族群
长久经验累积下来的
生活习俗与价值观。

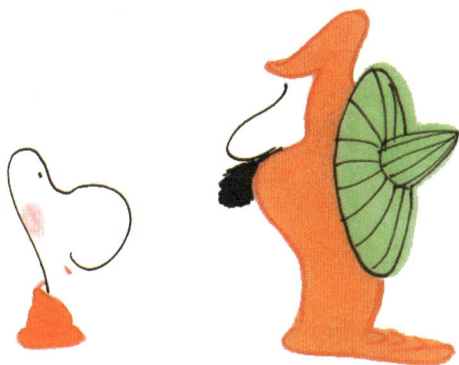

我们不认同别人的文化，

不是因为他们的文化怪异，

而是因为我们有着

自己的文化。

全世界所有人类的祖先

都来自非洲……

唯一不同的是，

各个民族不同的多元文化！

多元文化有什么好处？

如同异族通婚所生下来的
子女 IQ 比较高一样。

融合不同文化，

相互择其优点，

可使文明程度

得到指数般的跃升。

画家获得境界的跃升，

通常都不是来自努力，

而是瞬间的震撼！

不同画风如同不同文化一样

会互相激励对方。

学习笔记

学习笔记

学习笔记

学习笔记

14. 教育自己

受教育与自我学习最大的不同是：

因为自己喜欢而学，效果好，

又很享受，易于乐在其中！

请问教育是什么？

在学校所学的一切
全都忘记之后，
还剩下来的才是教育。

正确的教育是什么？

最重要的是教育方法，
总是鼓励学生去实践。

这对初学的儿童第一次学写字是如此，

对于大学里写博士学位论文

也是如此。

学习是一件美妙的事，

学成之乐，无与伦比。

每个小孩都非常喜欢新鲜事物，

而学习正像打开一道未知的神秘之门……

让学习变得无趣的，

都是对学习错误的认知。

十岁之前，

没有不好的学生，

只有不好的教科书、

不好的老师。

十岁之后，

便有不好的学生，

因为他们已经被教育养成了

憎恶学习的恶习。

永远不要把学习当作任务，

而要当作是一个难得的机会。

读书当然是为了学习知识和找到自己的天赋，

而不是为了拿文凭、考一百分。

如果只为了几张文凭
就花二十年青春，
则太浪费时间、成本，
不是好的投资。

书要怎么读

才能读得又快又好？

不要只看字面逐字去读，

要直接去理解透过文字所传达的内涵；

"得意忘言"

的读书方法最有效。

孔子说：

为学习而学习者

比不上为喜欢而学习的，

因喜欢而学习的，

比不上因着迷而学习的人。

如同学生自己架设网站，

上网聊天难道简单？

关键是因为着迷疯狂，

于是便主动学会电脑！

着迷，

便学得乐此不疲。

寓教于乐是用好玩的方法，

达成学习的目的。

课程内容要能令学生着迷。

学习最重要的是

及早掌握"自我学习"的能力。

学校所教导的只是一片叶子，

自我学习才能学得森林一样多的树叶。

是的，

谢谢老师。

学习笔记

学习笔记

学习笔记

学习笔记

15

两千五百年前，佛陀带着弟子们经过一座森林，

佛陀从地上捡起一片叶子对弟子们说：

"弟子们啊！你们说我手里的叶子多，还是树林里的叶子多？"

弟子们回答说：

"老师手里只有一片叶子，怎能跟树林里的所有叶子相比呢？"

佛陀说：

"对的！我能教你们的只像我手上的一片叶子。而世间的学问，就如同树林里的所有叶子一样多。你们要及早学会自我学习的能力，然后向世间学习。"

图书在版编目（CIP）数据

我命由我不由天：无耳空空学习日记．3 / 蔡志忠著绘．-- 北京：现代出版社，2021.6

ISBN 978-7-5143-9202-9

Ⅰ．①我… Ⅱ．①蔡… Ⅲ．①蔡志忠－自传 Ⅳ．① K825.72

中国版本图书馆 CIP 数据核字 (2021) 第 096876 号

我命由我不由天：无耳空空学习日记．3

著　　绘：蔡志忠
责任编辑：赵海燕　王　羽
出版发行：现代出版社
通信地址：北京市安定门外安华里 504 号
邮政编码：100011
电　　话：010-64267325　64245264（传真）
网　　址：www.1980xd.com
电子邮箱：xiandai@vip.sina.com
印　　刷：北京瑞禾彩色印刷有限公司
开　　本：710mm×1000mm　1/16
印　　张：14.5　　　　　　字　　数：50 千
版　　次：2021 年 8 月第 1 版　印　　次：2022 年 8 月第 4 次印刷
书　　号：ISBN 978-7-5143-9202-9
定　　价：52.00 元